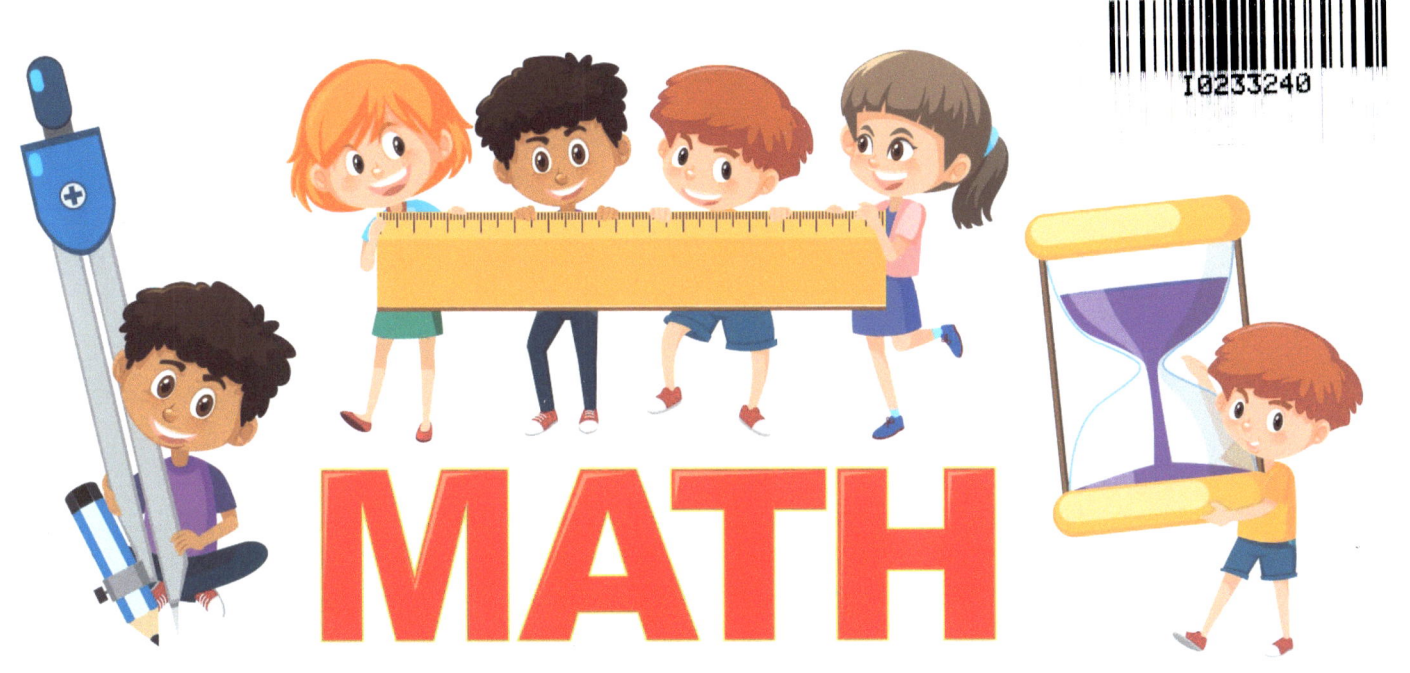

MATH
Activity Book For Kids

0 Zero

O O O O O O

O O O O O O

Zero Zero Zero

1 One

1 1 1 1 1 1

1 1 1 1 1 1

One One One

2 Two

2 2 2 2 2 2

2 2 2 2 2 2

Two Two Two

3 Three

3 3 3 3 3 3

3 3 3 3 3 3

Three Three Three

4 Four

4 4 4 4 4 4

4 4 4 4 4 4

Four Four Four

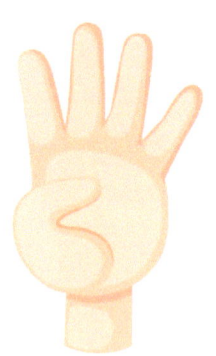

5 Five

5 5 5 5 5 5

5 5 5 5 5 5

Five Five Five

7 Seven

7 7 7 7 7 7

7 7 7 7 7 7

Seven Seven

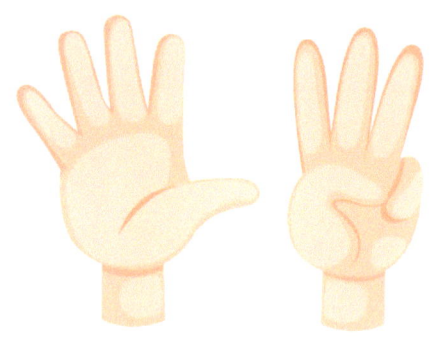

8 Eight

8 8 8 8 8 8

8 8 8 8 8 8

Eight Eight Eight

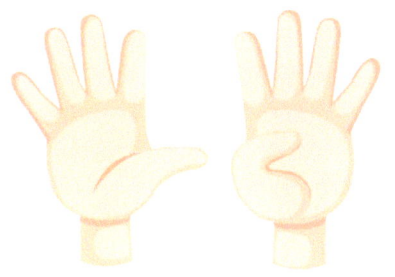

9 Nine

9 9 9 9 9 9

9 9 9 9 9 9

Nine Nine Nine

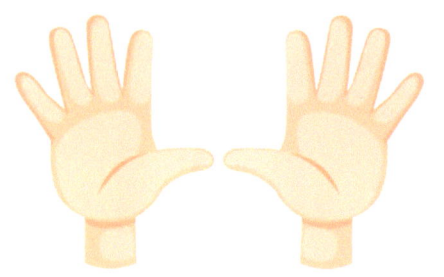

10 Ten

10 10 10 10

10 10 10 10

Ten Ten Ten Ten

How many whales do you see?

_____

Count the bees.

_____

How many ant do you see?

_____

Count the kangaroos.

_____

Count the zebras.

_____

How many crocodiles do you see ?

_____

How many eggs do you see ?

_____

How many suns do you see?

_____

How many birds do you see ?

_____

How many flowers do you see?

_____

How many worms do you see?

_____

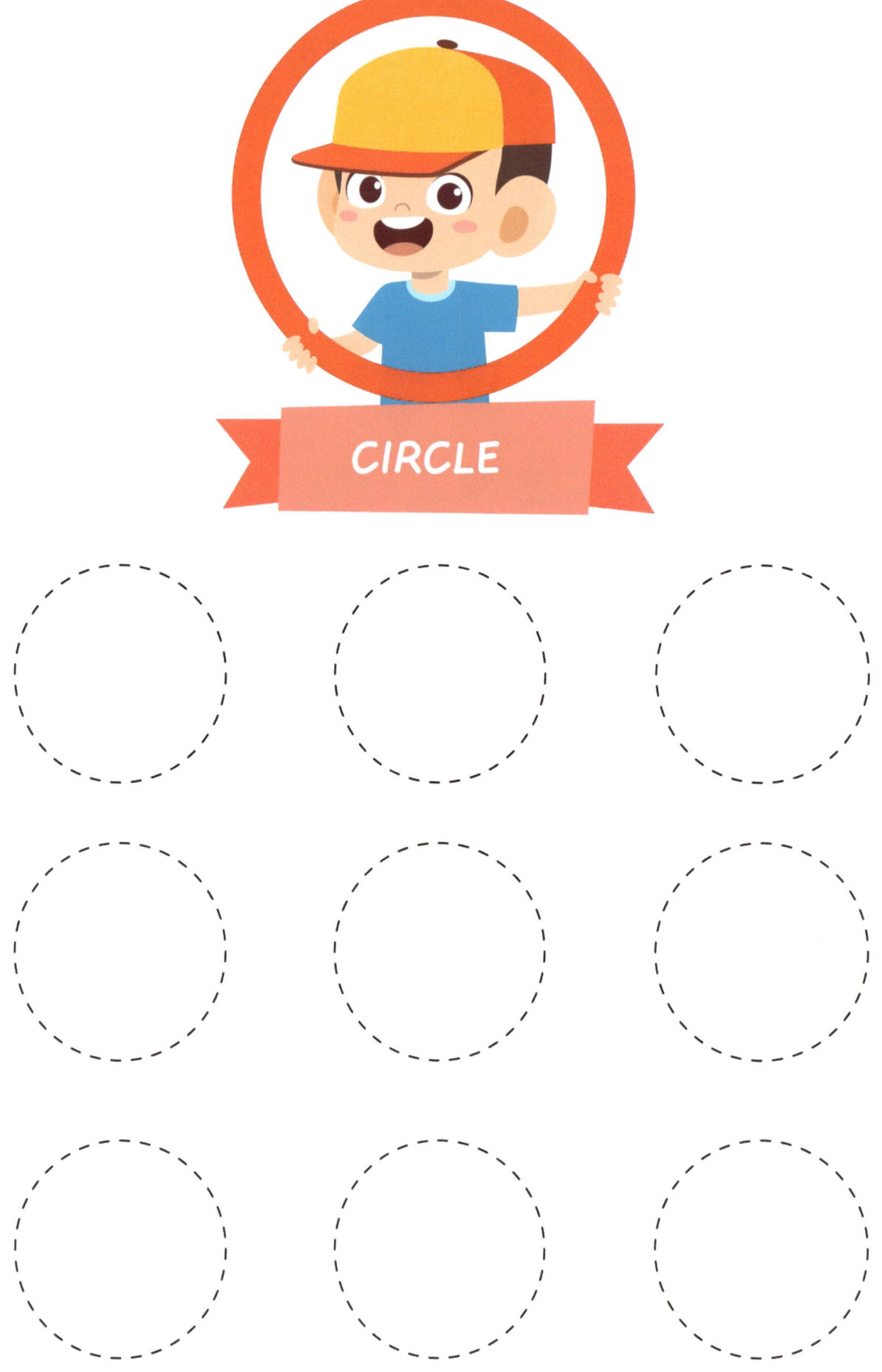

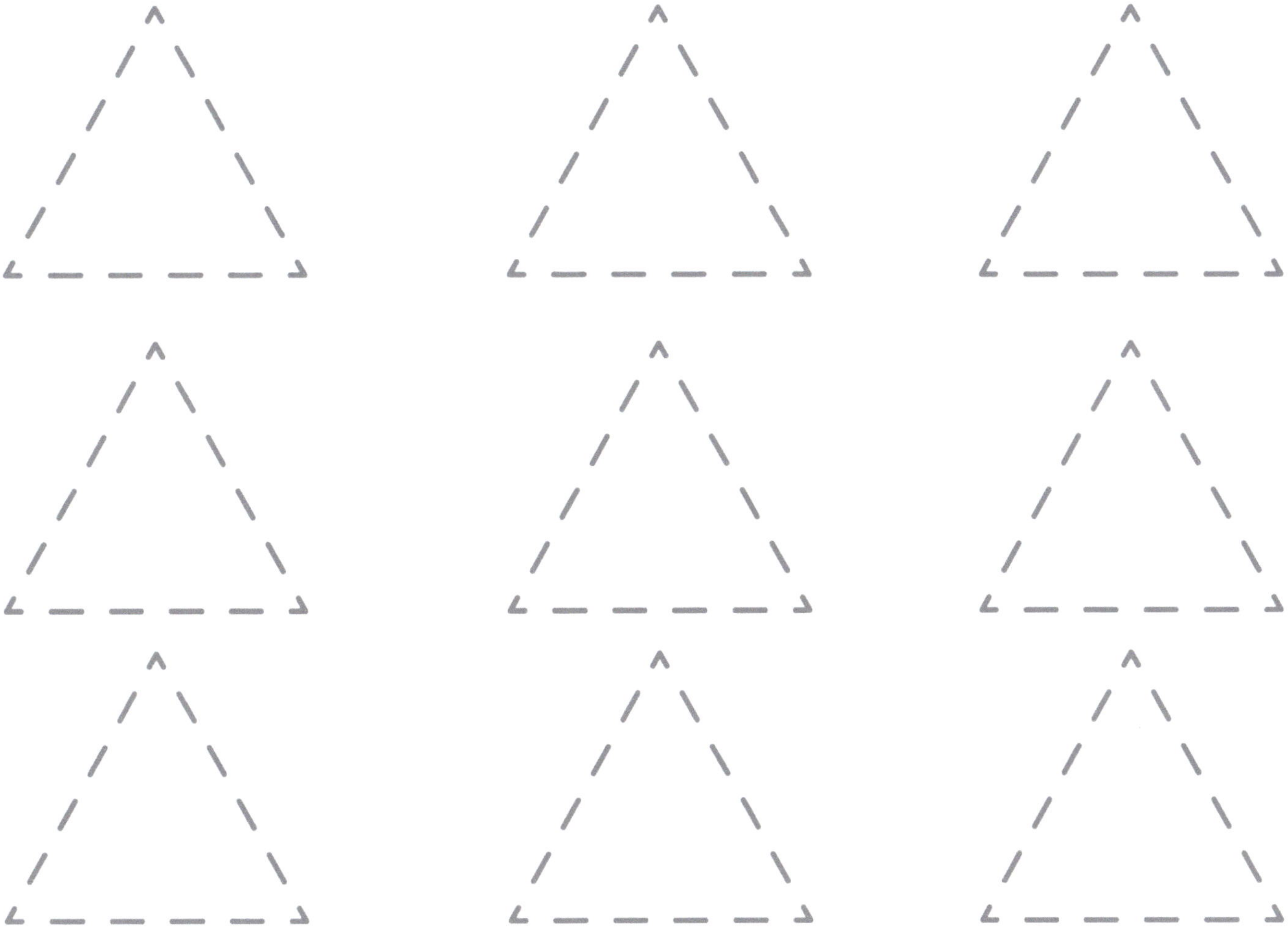

SQUARE

RHOMBUS

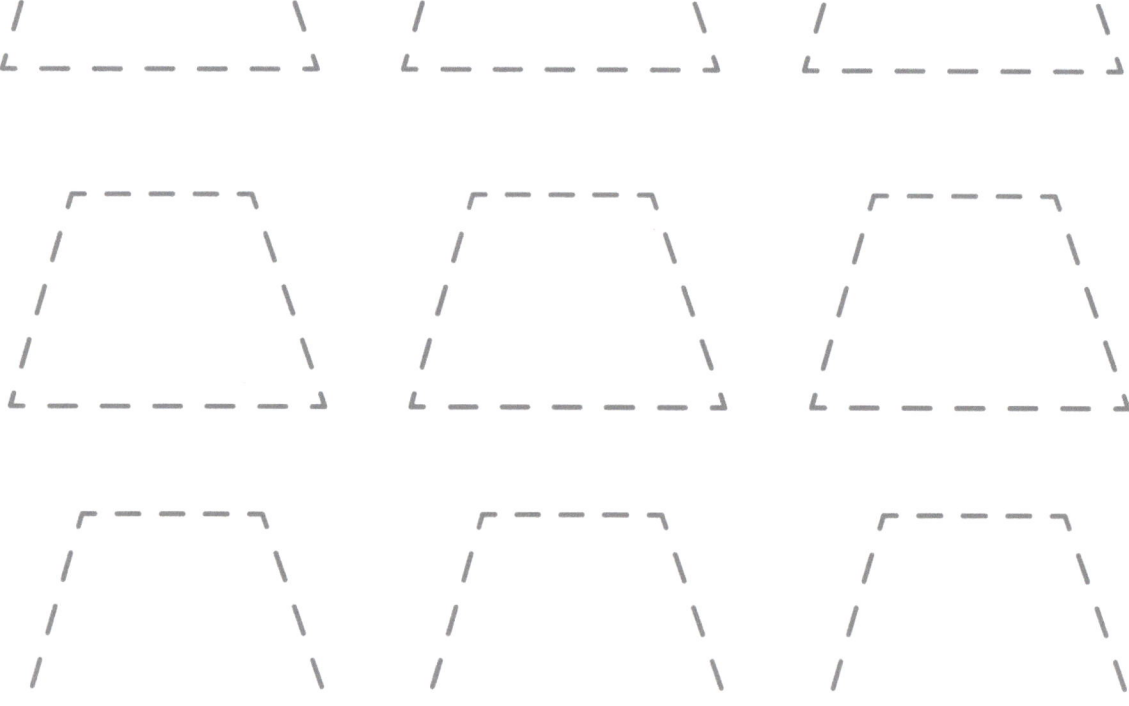

HEXAGON

Find and color all the squares

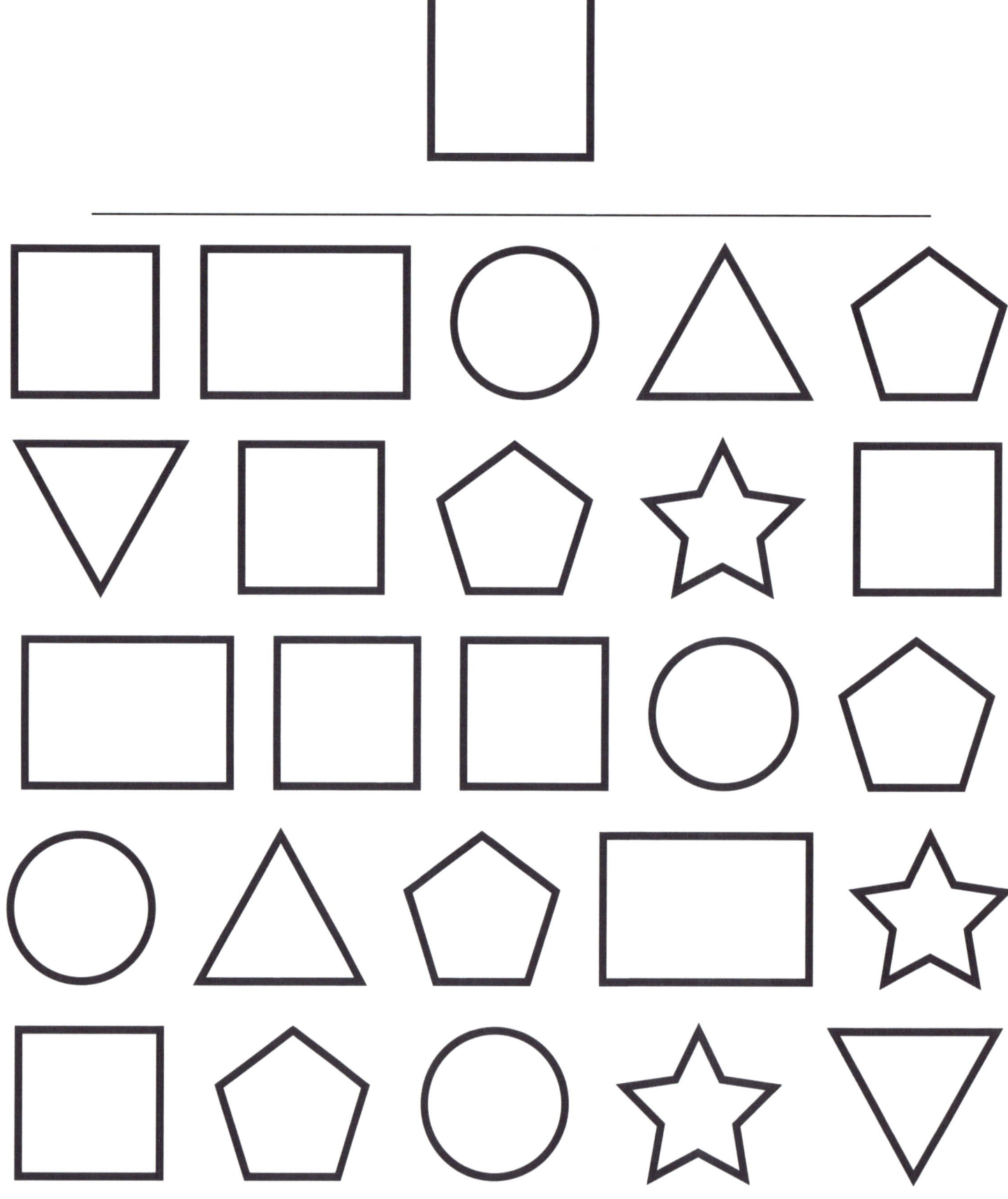

Find and color all the pentagons

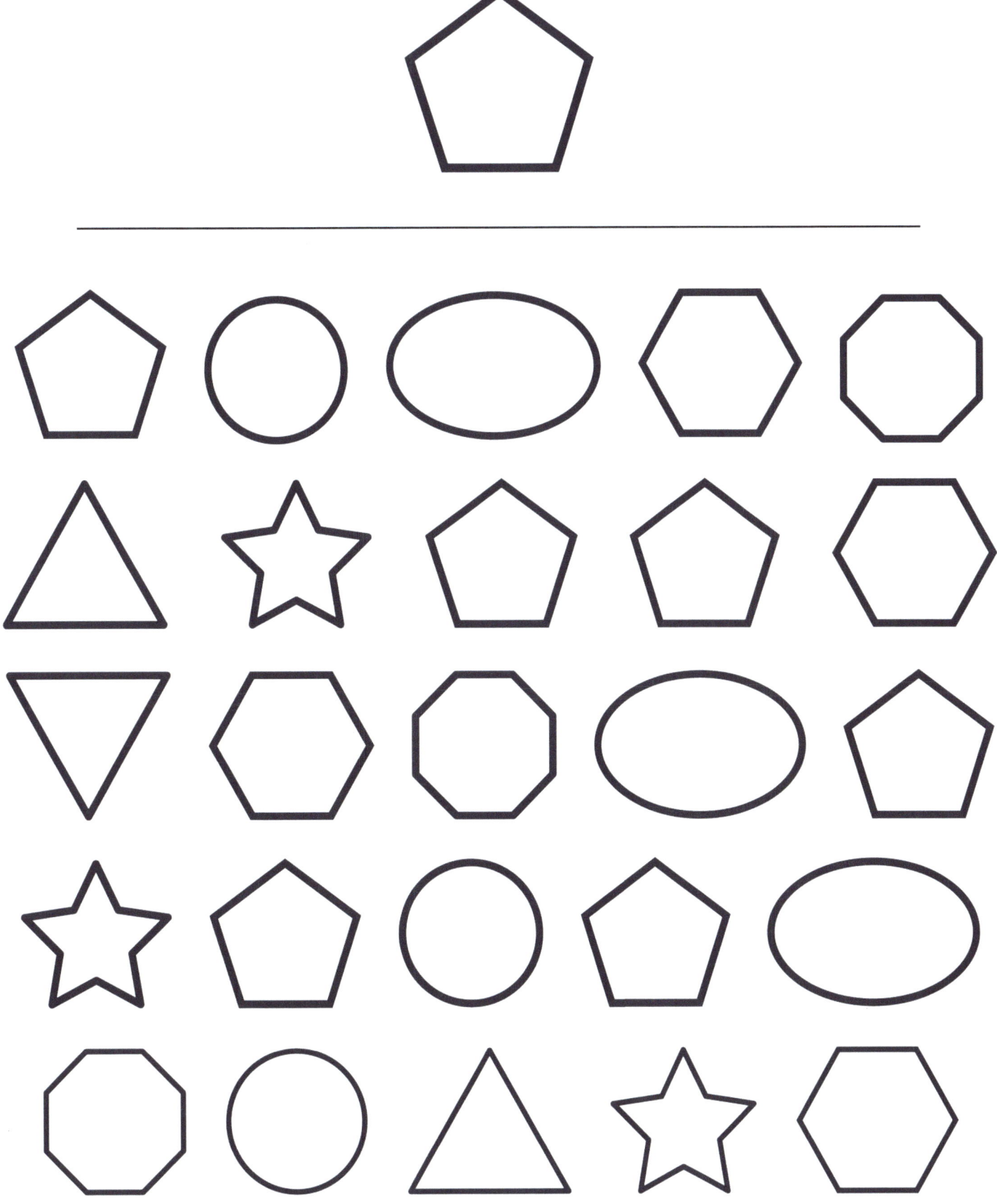

Find and color all the octagons

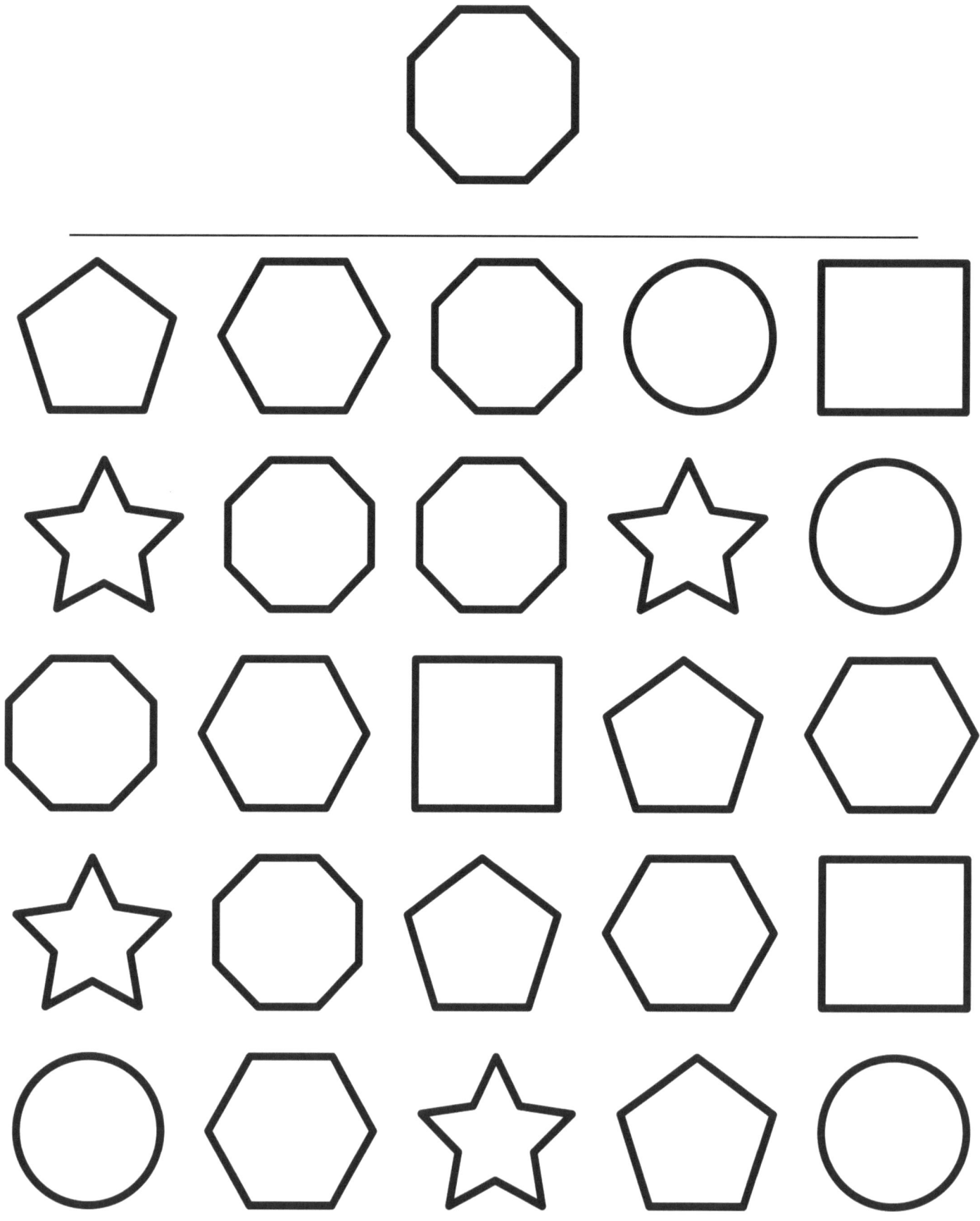

Find and color all the trapezoids

Find and color all the triangles

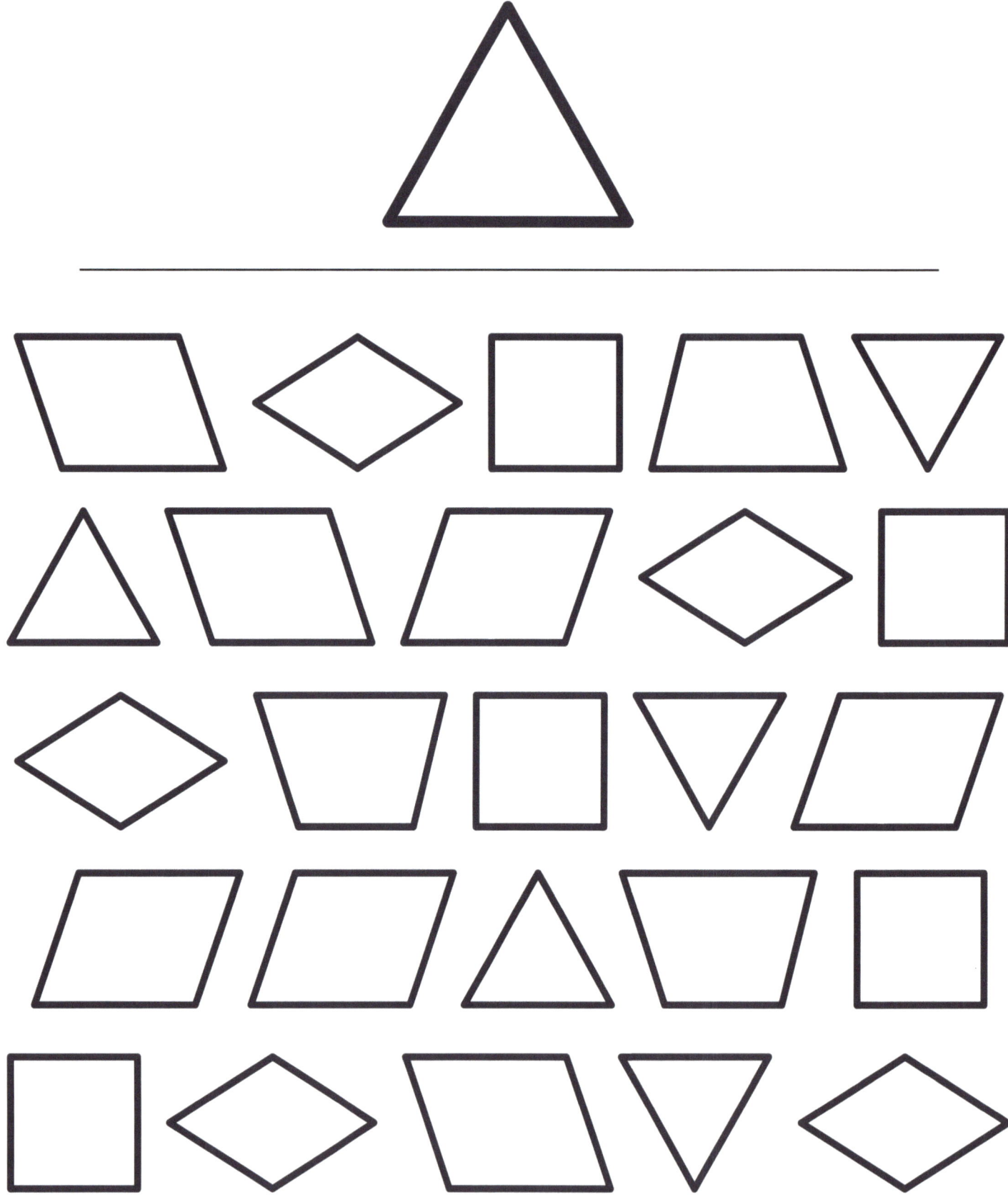

Find and color all the rhombuses

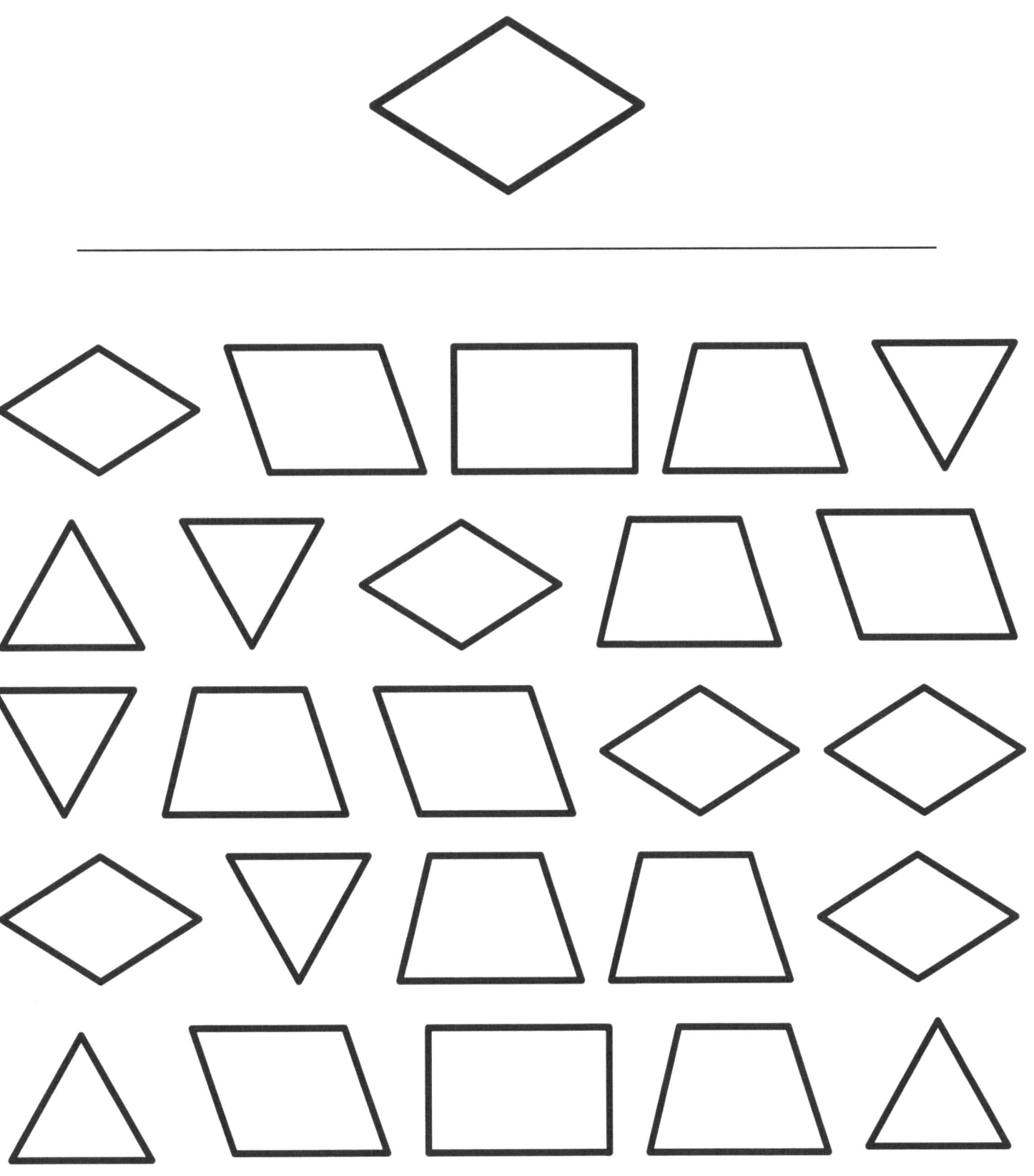

How many dinosaurs are looking left, How many dinosaurs are looking right?

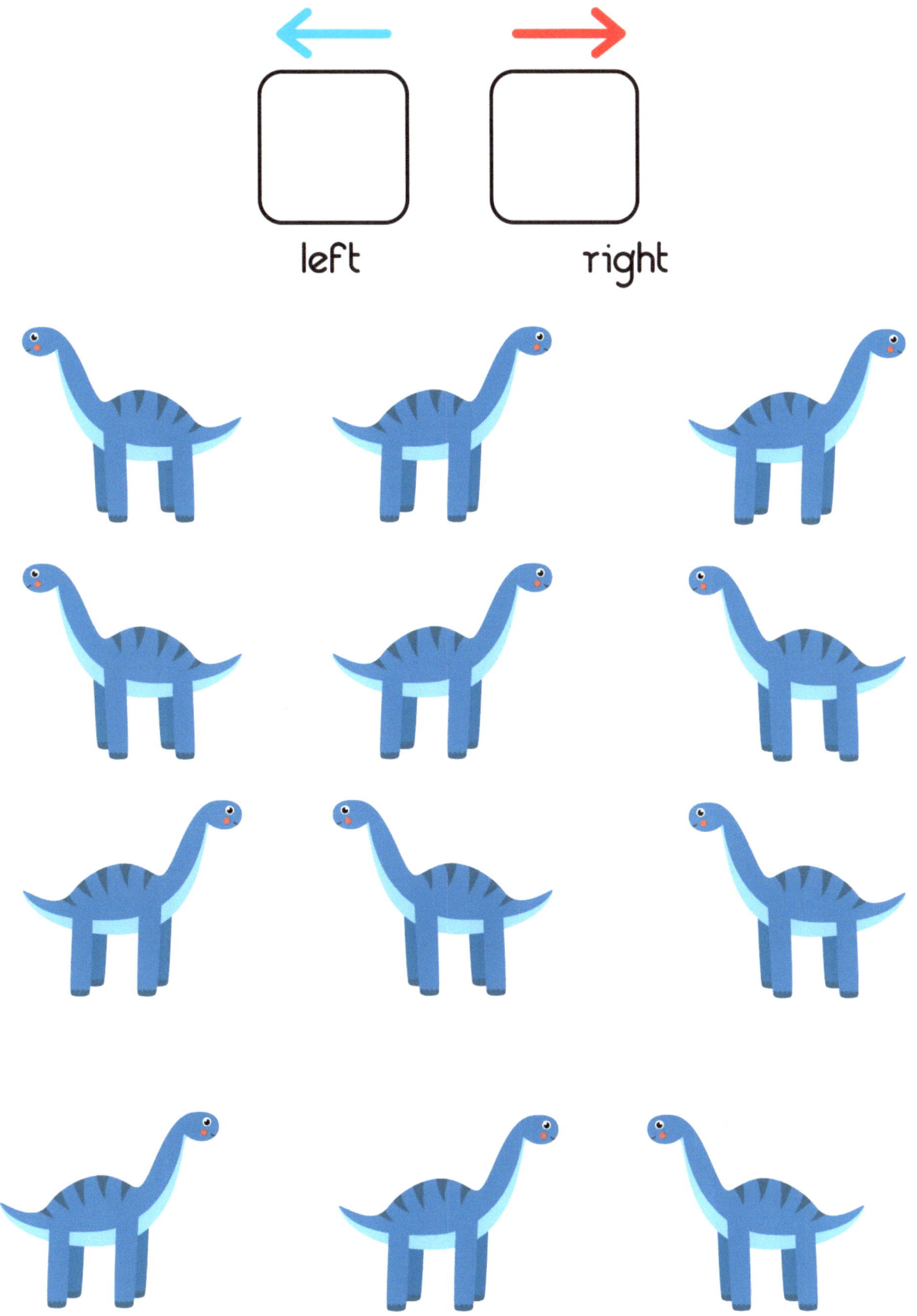

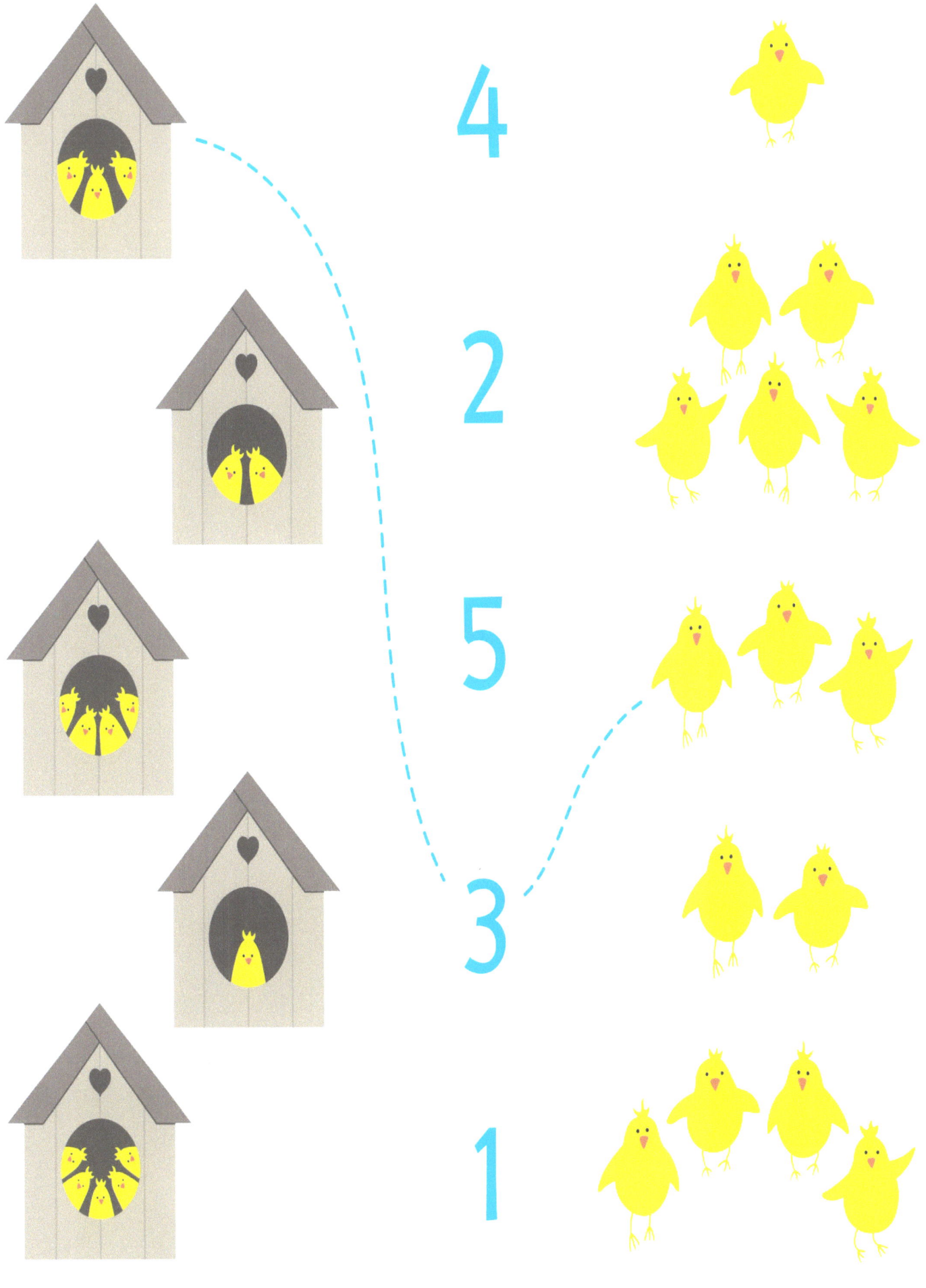

My Routine

Get up!

Eat breakfast

My Routine

My Routine

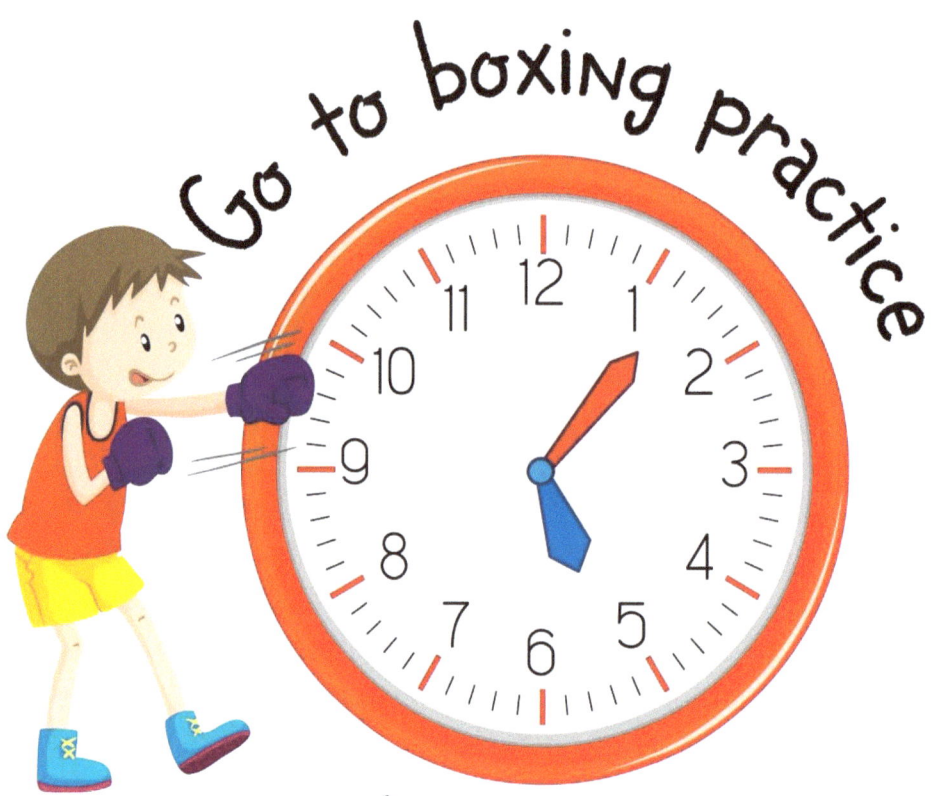
Go to boxing practice

Do my homework

What Time is It?

   1:00

What Time is It?

 •

 •

 •   • 7:50

WHAT TIME IS IT?

ADDITION

🥦　　　🥦 🥦　　　🥦 🥦 🥦
① 　　　 ② 　　　 ③

🥦 🥦 🥦 + 🥦 🥦 =

🥦 🥦 + 🥦 🥦 =

🥦 🥦 + 🥦 =

🥦 + 🥦 =

ADDITION

SUBTRACTION

   3 - 1 = 2

   3 - 2 =

    4 - 2 =

  2 - 1 =

    4 - 1 =

    4 - 3 =

SUBTRACTION

     3 - 1 = 2

   2 - 1 =

     3 - 2 =

      4 - 2 =

     3 - 3 =

       5 - 4 =

ADDITION

🦖 = 1   🦕 = 2   🦖 = 3   🦖 = 4

🦕 + 🦖 =

🦖 + 🦖 =

🦖 + 🦖 =

🦖 + 🦕 =

MORE, LESS OR EQUAL?

MORE, LESS OR EQUAL?

MORE, LESS OR EQUAL?

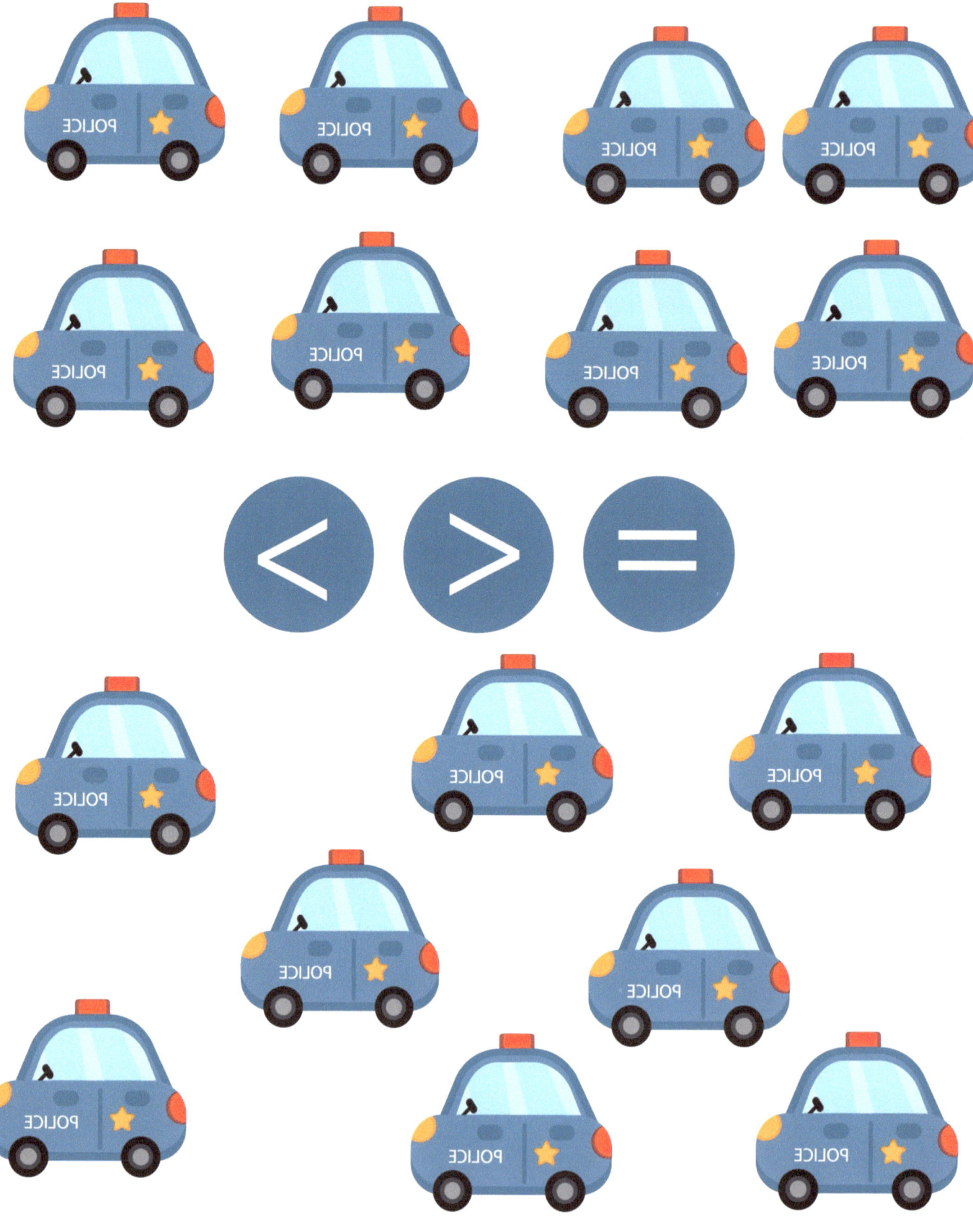

MATH MAZE

FROM 1 TO 16

	2	3	4	5	7
→	1	2	4	5	
4	3	3	2	3	7	8
3	5	4	6	7	9	5
7	6	3	12	11	13	14
9	7	8	9	10	11	17
12	11	13	12	11	14	16
13	16	14	15	17		
14	15	18	16	→		

www.ingramcontent.com/pod-product-compliance
Lightning Source LLC
LaVergne TN
LVHW072113070426
835510LV00002B/30